Robert Mayer

Experimentelle lebensmittelchemische Untersuchung von Aromen mittels Gaschromatographie am Beispiel von Kaugummi

GRIN Verlag

Bibliografische Information der Deutschen Nationalbibliothek:

Die Deutsche Bibliothek verzeichnet diese Publikation in der Deutschen National-
bibliografie; detaillierte bibliografische Daten sind im Internet über http://dnb.d-
nb.de/ abrufbar.

Impressum:

Copyright © 2011 GRIN Verlag GmbH
Druck und Bindung: Books on Demand GmbH, Norderstedt Germany
ISBN: 978-3-656-17980-1

Dieses Buch bei GRIN:

http://www.grin.com/de/e-book/192824/experimentelle-lebensmittelchemische-
untersuchung-von-aromen-mittels-gaschromatographie

SEMINARARBEIT

Rahmenthema des Wissenschaftspropädeutischen Seminars:

Chemie in der Küche

Leitfach: *Chemie*

Thema der Arbeit:

Experimentelle lebensmittelchemische Untersuchung von Aromen mittels Gaschromatographie am Beispiel von Kaugummi

Verfasser:

Robert Mayer

Inhalt

1. Aromen

1.1 Allgemeine Definition

> *„Es ist eine merkwürdige Thatsache, dass sich die chemische Wissenschaft und eine auf ihr fussende Industrie verhältnissmässig spät mit der näheren Erforschung und Befriedigung der ästhetischen Bedürfnisse gerade derjenigen Sinne befasst hat, welche wir recht eigentlich unsere „chemischen Sinne" zu nennen berechtigt sind."* [1]

So beginnt Dr. Ernst Erdmann im Jahre 1900 seinen Artikel „Über den Geruchssinn und die wichtigsten Riechstoffe" in der *Zeitschrift für Angewandte Chemie*. Heute ist die Wissenschaft mit ihren Erkenntnissen, auch bedingt durch die neuen instrumentellen Methoden, sehr viel weiter als es Herr Erdmann im Jahre 1900 nur zu träumen gewagt hätte.

Beim Genuss eines Lebensmittels wirkt eine Vielzahl an Reizen auf unseren Körper. Dieser Geschmackseindruck eines Lebensmittels, der aus einer Kombination von Geschmacks-, Geruchs- und Tastempfinden entsteht, ist dann im Allgemeinen dem Esser als 'Geschmack' bekannt. Doch gilt es die unterschiedlichen Substanzen, die diesen Eindruck hervorrufen, weiter zu untergliedern, nämlich in Geschmacksstoffe und Aromastoffe, wobei zweite auch als Geruchsstoffe bekannt sind. [2]

Geschmacksstoffe sind Stoffe, die unser Körper über die Geschmacksrezeptoren auf der Zunge wahrnehmen kann. Unterscheiden können wir nach dem aktuellen wissenschaftlichen Stand zwischen vier Hauptgeschmacksqualitäten: sauer, süß, bitter und salzig [3]. Zudem ist noch die Geschmacksqualität Umami, welche weniger für sich allein - sie wird als „leicht salzig – süßsäuerlich" beschrieben - sondern vielmehr als Geschmacksverstärker wirkt [4].

Allerdings geht unser Geschmackseindruck weit über diese fünf Grundrichtungen hinaus. Dafür entscheidend ist nicht unser Geschmacks-, sondern vielmehr der Geruchssinn. Die Geruchsrezeptoren können flüchtige chemische Verbindungen, die oben erwähnten Aromastoffe, sowohl nach Einatmen über die Nase als auch nach deren Freisetzung in den Rachenraum wahrnehmen [2]. Diese Stoffgruppe ist das Thema der folgenden Arbeit.

1.2 Wirkung von Aromen unter Betrachtung der Interaktion mit dem menschlichen Organismus

Damit die Aromen in unserem Körper einen Geruchseindruck auslösen können, müssen diese zunächst über die Nase aufgenommen werden, oder nach ausgiebigen Kauen über den Rachenraum zur Riechschleimhaut gelangen [5]. Auf dieser sitzen die Riechsinneszellen, in welchen sich wiederum die olfaktorischen Rezeptoren (sog. G-Protein-gekoppelte Rezeptoren) befinden. Jeder einzelne Rezeptor ist in der Lage nur genau ein molekulares Merkmal eines Duftstoffes zu detektieren. Man schätzt, dass der Mensch über etwa 360 verschiedene Arten dieser Geruchsrezeptoren verfügt. Die Geruchsreize entstehen, wenn ein Molekül des Aromastoffes „mit seinen funktionellen Gruppen mehrere Geruchsrezeptoren mit unterschiedlicher Intensität aktiviert und dadurch ein für diesen Duftstoff charakteristisches Muster an aktivierten Rezeptoren entsteht" [ebd.]. Wenn also ein Geruchsstoffmolekül an eines der Rezeptorproteine gelangt, wird dieses nach dem Schlüssel-Schloss-Prinzip reversibel an das Protein gebunden, wobei es zu einer Konformationsänderung des Proteins kommt. In Folge wird eine Signalkaskade, die so genannte cAMP-Kaskade, ausgelöst. Durch die Verarbeitung der Nervenreize im Gehirn entsteht schließlich der Geruchseindruck. [ebd.]

1.3 Aromawirksame chemische Verbindungen

Von den vielen flüchtigen Stoffen, die in Lebensmitteln enthalten sind, weisen nur Vertreter relativ weniger Stoffgruppen intensivere und vor allem von uns Menschen wahrnehmbare Geruchseigenschaften auf. Diese lassen sich grob in folgende Verbindungsklassen einteilen (ungefährer Wertanteil in %): „Terpenoide (40%), Brenzcatechin-Derivate (17%), Phenol-Derivate (13%), sonstige Aromaten (20%), Aliphaten, Alicyclen und Heterocyclen (10%)" [6]. Auf einige davon, besonders allerdings auf Terpenoide, welche auch im späteren praktischen Teil der Arbeit eine Rolle spielen, soll nun ausführlicher eingegangen werden.

1.3.1 Terpenoide

In der Klasse der Terpenoide, die weiter nach der Teilchengröße unterteilt werden kann, sind nach aktuellem Stand der Forschung zwischen 30.000 [7] und 40.000 Substanzen [8] bekannt, welche in Pflanzen gefunden wurden. Dort finden sie sich meist in ätherischen Ölen, die unter anderem in den Blättern von Pflanzen vorkommen. Terpene folgen der sog. Isopren-Regel, d. h. es handelt sich um organische Verbindungen, deren Grundgerüst sich aus Isopreneinheiten (2-Methylbuta-1,3-dien) zusammensetzt. Zu den Terpenoiden gezählt werden auch noch die jeweiligen Hydrierungs- und Dehydrierungsderivate und die davon abgeleiteten Alkohole, Ketone, Aldehyde und Ester. Monoterpene sind so beispielsweise aus zwei, Sesquiterpene aus drei Isopreneinheiten zusammengesetzt [9]. Für den Einsatz in Lebensmitteln werden Terpene seit der Antike wegen ihrer ausgeprägten und intensiven Geruchs- und Geschmackseigenschaften verwendet [8], die mit steigender Größe der Moleküle und der damit einhergehenden geringeren Flüchtigkeit verschwindet [6]. So haben die meisten Mono- und Sesquiterpene einen intensiven Geruch, während die höheren Terpene als geruchslos anzusehen sind. Eine Illustration des Aufbaus kann mit Abbildung 1 entnommen werden.

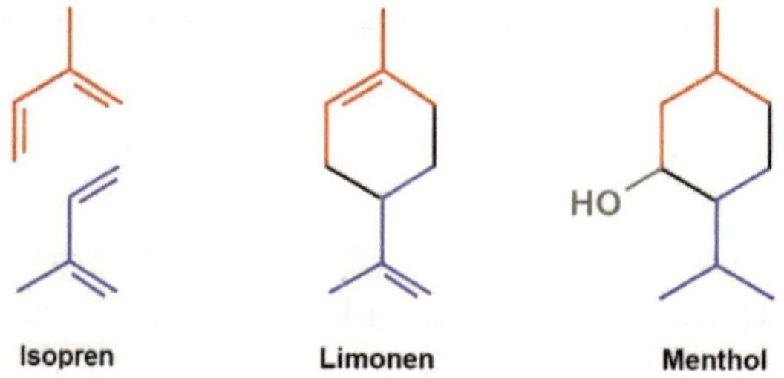

Abbildung 1.: Isoprengrundgerüst der Monoterpene Limonen und Menthol [10].

Da die meisten Terpene über ein oder mehrere dreidimensionale stereogene Zentren verfügen, gibt es von ihnen eine Vielzahl an Stereoisomere. Bei manchen Terpenen kommen sehr viele Isomere auch natürlich vor, wobei diese sich allerdings in ihrer Geruchsnote z.T. deutlich voneinander unterscheiden. Vom Carvon riecht so beispielsweise das (–)-Isomer minzig und lässt sich auch in einigen Minzarten finden, während die (+)-Isomer einen Geruch nach Kümmel aufweist [11]. Von den acht Stereoisomeren des Menthols (siehe Abbildung 2), hat sowohl das (+)- und (–)-Menthol das typische, frische Minzaroma wobei nur das (–)-Menthol einen stärkeren kühlenden Effekt aufweist. Der Geruch von Isomenthon hingegen wird als „leicht muffig" und teilweise „lästig" beschrieben. Neoisomenthol hat überhaupt keinen Minzgeruch mehr: der Geruch ist angeblich „widerlich" [12].

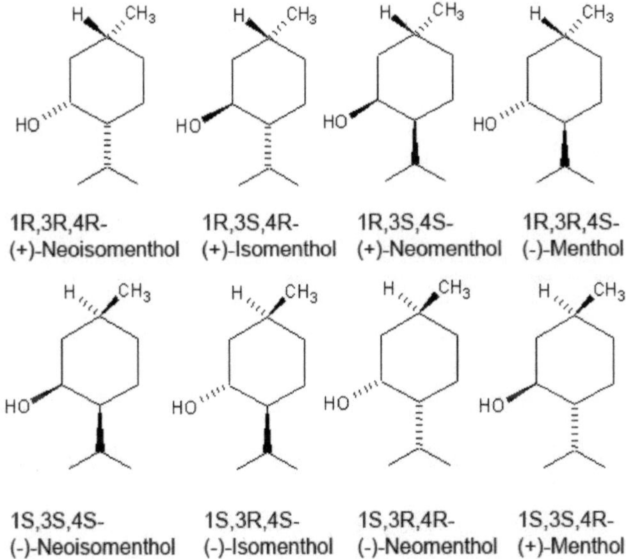

1R,3R,4R-   1R,3S,4R-   1R,3S,4S-   1R,3R,4S-
(+)-Neoisomenthol (+)-Isomenthol (+)-Neomenthol (-)-Menthol

1S,3S,4S-   1S,3R,4S-   1S,3R,4R-   1S,3S,4R-
(-)-Neoisomenthol (-)-Isomenthol (-)-Neomenthol (+)-Menthol

Abbildung 2: Überblick über die Stereoisomere des Menthols [13].

1.3.2 Aromaten

Der Name dieser Stoffklasse lässt schon auf eine Verwendung als Aroma schließen. Der aromatische Ring bildet eine Basis für viele Aromen. Besonders bedeutend sind hier die bereits erwähnten Derivate des Phenols und des Brenzcatechins, wobei das Vanillin bzw. das sehr ähnliche Ethylvanillin (siehe Abbildung 3) hier wohl die populärsten Beispiele sind. Innerhalb dieser Stoffklasse sind die Phenylpropan-Derivate noch erwähnenswert, aromatische Verbindungen mit einer Propyl-Seitenkette [14,15].

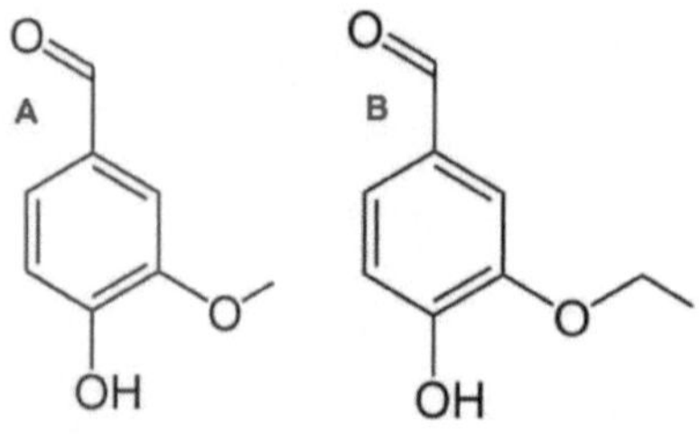

Abbildung 3: Strukturformel von A: Vanillin, B: Ethylvanillin [16].

1.3.3 Carbonsäureester und Lactone

Für das Aroma von Früchten hingegen sind häufig auch Carbonsäureester oder Lactone (cylische Ester) verantwortlich, die aus kurz- bis mittelkettigen Carbonsäuren und Alkoholen entstehen [17,18]. Diese bilden das charakteristische Aroma einiger Früchte wie der Erdbeeren, der Äpfel, der Birnen oder auch der Bananen. Ein Bestandteil des Erdbeeraromas ist zum Beispiel das Lacton Furaneol [19]. Die Konstitutionsisomere des Essigsäurepentylester weisen je nach Isomer ein Bananen- bzw. Birnenaroma auf. Der Geruch der Essigsäure-n-propylester wird meist als obst- oder birnenartig beschrieben. Einige der genannten Verbindungen sind in Abbildung 4 dargestellt.

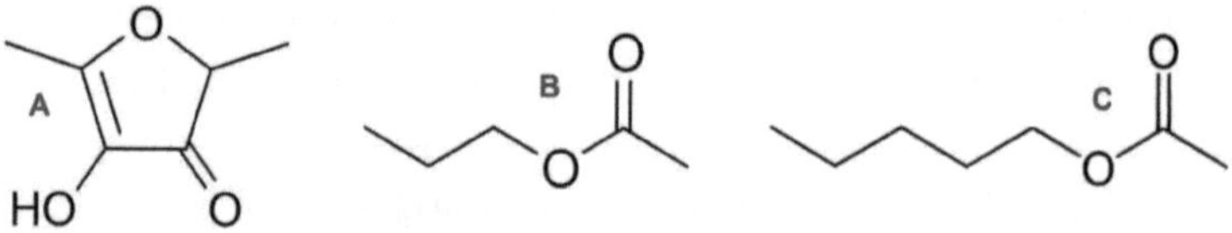

Abbildung 4: Strukturformeln von A: Furaneol (4-Hydroxy-2,5-dimethyl-3-furanon), B: Essigsäure-n-propylester, C: Essigsäure-n-pentylester [20].

1.4 Natürliches Vorkommen von Aromen und Biosynthese

In der Natur erfüllen Aromen vielfältige Aufgaben: So dienen Terpene beispielsweise Lebewesen sowohl zur Verteidigung, Kommunikation als auch zur Erfüllung wichtiger Aufgaben im Körper. Einige Terpene wirken als Pheromone und dienen durch ihren Geruch als Boten- oder Lockstoffe, während Monoterpene wie Limonen beispielsweise in der Rinde von manchen tropischen Bäumen enthalten sind, um einen Schutz vor Insekten zu bewirken [21]. Die Biosynthese erfolgt bei Terpenen auf Basis von Isopentenyldiphosphat (IDP) und dessen isomerer Verbindung 3,3-Dimethylallyldiphosphat (DMADP). In Folge mehrerer Reaktionsschritte bilden sich Isopren-Einheiten aus, die durch weitere Kopplungen zu einer Vielzahl von Verbindungen weiterreagieren [8,22].

1.5 Weitere aromarelevante Stoffe

Neben den Aromen finden sich in Lebensmitteln auch noch weitere Stoffe, die an der Qualität des Geschmackseindruckes mitwirken. Ein Beispiel hierfür sind sogenannte ‚Aromenträger', welche als geschmacksneutrales und - wenn möglich - gesundheitlich unbedenkliches Lösungsmittel für die Aromastoffe wirken. Ein bekanntes Beispiel für Aromenträger sind Glycerinderivate wie auch die als Fette bekannten Triacylglyceride. In Lebensmitteln wie Kaugummis findet so unter anderem auch Triacetin Verwendung, welches zusätzlich auch als Weichmacher für die Gummimasse wirkt [23,24].

2. Einsatz und gesundheitliche Eigenschaften von industriell verwendeten Aromen

2.1 Zusatz von Aromen zu Lebensmitteln

Seit vielen Jahrhunderten werden aromatisierte Lebensmittel hergestellt und auch verzehrt. Anfangs, hauptsächlich durch Hinzufügen von Kräutern oder Gewürzen aus natürlichem Ursprung um beispielsweise Süßwaren, Gebäck etc. zu verfeinern, entwickelte sich die Verwendung von Aromen bis zum heutigen, großindustriellen Einsatz [25]. Der Anteil an aromatisierten Lebensmitteln beträgt so heute in Deutschland 15% bis 20% des Lebensmittelverbrauches. Dies liegt unter anderem auch daran, dass die heute den Markt beherrschenden industriellen Lebensmittel aufgrund von potentiellen Aromaverlusten während der Herstellung einer Aromatisierung fast zwangsweise bedürfen, um die vom Konsumenten erwartete Geschmacksqualität zu liefern [ebd.].

2.2 Verschiedene Arten an zugesetzten Aromen

Allgemein wird bei Aromen zwischen verschiedenen Arten unterschieden. Die sog. ‚natürlichen Aromastoffe' machen in Deutschland einen Anteil von rund 70% an den aromatisierten Lebensmitteln aus und wurden in ihrer Herstellung aus Pflanzen mithilfe der Verfahren der Lebensmitteltechnologie, so zum Beispiel Extraktion, Destillation etc., abgetrennt [25]. Diesen natürlichen Aromastoffen stehen die Synthetischen gegenüber, wobei bei diesen wiederum zwischen ‚naturidentischen Aromastoffen' und ‚künstlichen Aromastoffen' unterschieden wird. Naturidentische Aromastoffe sind chemisch mit einem natürlichen Aromastoff identisch, wurden aber auf Basis eines kostengünstig verfügbaren Naturstoffes oder einer anderen Chemikalie synthetisiert. Unter den synthetischen Aromastoffen machen diese rund 98% aus, während die restlichen zwei Prozent auf die künstlichen Aromen entfallen. Diese kommen in der Natur so nicht vor und finden heute bis auf Ausnahmen wie Ethylvanillin, welches auch wie das natürliche Vanillin einen Vanillegeschmack aufweist und im Vergleich zu natürlichem Vanillearoma vielfach preisgünstiger ist, nur noch sehr wenig Anwendung (vgl. 1.3.2; Abbildung 3) [25,26].

Für die Aromatisierung eines Lebensmittels mit einem natürlichen Aroma wird dem Rohprodukt ein ätherisches Öl zugesetzt, welches beispielsweise aus Minze mithilfe von Wasserdampfdestillation und anschließender Aufreinigung gewonnen wurde. Ist der Gehalt an ätherischen Ölen in einem Rohstoff nur sehr gering, werden die Aromastoffe meist extrahiert. Dabei finden die ‚klassischen' Lösungsmittel wie Hexan, Aceton, Ethanol etc. häufigen Einsatz; doch hat sich in den letzten Jahren auch die Extraktion mittels flüssigem Kohlenstoffdioxid auf dem Markt etablieren können, da dieses exzellente Lösungsmitteleigenschaften besitzt und zudem gesundheitlich unbedenklich ist. Wenn dem Lebensmittel nicht ein reines Aroma, zum Beispiel ein Pfefferminzöl, zugesetzt werden soll, so kann auch auf Basis verschiedenen Aromaextrakte durch einen sog. Flavoristen – dies ist eine Person, die für die Lebensmittelindustrie neue Aromaessenzen entwickelt - eine Mischung zusammengestellt werden [25].

2.3 Der Gehalt an Monoterpenen in kommerziell erhältlichen Nahrungsmitteln

Die einem Lebensmittel zugesetzten Aromen sind je nach Herkunft in unterschiedlicher Art und Menge enthalten. Da allerdings fast alle aromarelevanten Stoffe eine sehr niedrige Wahrnehmungsschwelle haben, ist meist nur eine sehr geringe Dosis zur Aromatisierung eines Lebensmittels erforderlich. Die Menge des zugefügten Aromas variiert sowohl abhängig von der Art des Aromas und des Einsatzzweckes.

Bei Pfefferminzöl beträgt der in der Quelle angegebene Anteil in Süßigkeiten rund 0,104% [27]. Limettenaroma zeigt schon bei geringerem Anteil seine Wirkung; hier beträgt der maximale bisher gefundene Anteil rund 0,078% [28].

2.4 Stabilität von Aromen

In Folge der Lagerung und Einwirkungen von Luftsauerstoff und anderer reaktiver Stoffe, können sich Aromen chemisch verändern, was zu sogenannten „Aromafehlern" führt. Als in den von mir untersuchten Proben vorhandenes Beispiel lässt sich Limonen nennen, welches zu Carvon oxidiert werden kann [29]. Auch die enthaltenen Aldehyde werden in Folge äußerer Einflüsse unter Umständen zu Carbonsäuren oxidiert. Am Beispiel des Kaugummis, bei dem zudem die Kaumasse, ein natürliches Polymer, in dem auch C=C-Doppelbindungen vorhanden sind, oxidationsanfällig ist, entgegnet man diesem Problem durch den Zusatz von Antioxidantien [30]. Im Rahmen der Untersuchungen an den Kaugummiproben ließen sich in allen drei Proben über die massenspektrometrische Untersuchung Butylhydroxytoluol (BHT) und Butylhydroxyanisol (BHA) in Spuren finden (siehe Abbildung 5) (vgl. Anhang IV). Diese Stoffe wirken dadurch, dass sie durch äußere Einflüsse entstehende Radikale unter Bildung von resonanzstabilisierten Phenoxy-Radikalen abfangen, welche aufgrund ihrer eigenen Stabilität nicht radikalisch weiterreagieren können [31,32]. Allerdings ist der Zusatz solcher Stoffe aufgrund der potentiell cancerogenen Wirkung, welche bei BHT schon beobachtet werden konnte, umstritten [32].

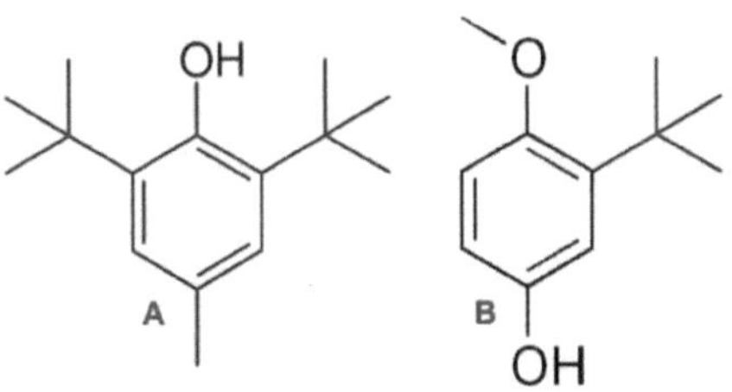

Abbildung 5: Strukturformel von A: Butylhydroxytoluol (BHT), B: Butylhydroxyanisol (BHA) [33].

2.5 Negative gesundheitliche Folgen der in Lebensmitteln eingesetzten Aromen

Viele Aromen haben nicht ganz unbedenkliche gesundheitliche Eigenschaften. So zeigt beispielsweise Limettenöl aufgrund enthaltener Cumarine eine phototoxische Wirkung [28]. Bei Minzöl wurde Zytotoxizität beobachtet [27], jedoch auch antimikrobielle Eigenschaften. Die Hauptkomponente Menthol kann unter Umständen bei manchen Personen auch allergische Reaktionen auslösen, es wird offiziell als reizend klassifiziert [34]. Doch sind diese gesundheitlichen Eigenschaften meist in Anbetracht der geringen Mengen von Aromastoffen, welche sich tatsächlich im Lebensmittel befinden, vernachlässigbar (vgl. 2.3).

Allgemein lässt sich feststellen, dass im Bereich der Aromen nur für sehr wenige Stoffe wegen akuter Giftigkeit eine gesetzliche Mengenbeschränkung besteht, so zum Beispiel Safrol [35] oder das in den letzten Jahren in die Schlagzeilen geratene und auch oben schon erwähnte Cumarin [ebd.].

3. Analyse der Proben mithilfe von Gaschromatographie

3.1 Einleitung

Das Ziel der Untersuchung ist die Analyse von in Kaugummi enthaltenen Aromen, sowohl nach qualitativer als auch z.T. quantitativer Hinsicht. Durch das so erhaltene Bild über die in den Proben enthaltenen Stoffe soll, wenn möglich, ein Schluss über die Art und den Ursprung der Aromen getroffen werden können. Aufgrund des geringen prozentualen Gehaltes der Aromastoffe in den Proben und der Schwierigkeit in der Auswertung, schloss sich eine Analyse per Dünnschichtchromatographie aufgrund des zu hohen Verbrauchs von Chemikalien, wie beispielsweise der Referenzsubstanzen, und Genauigkeitsproblemen, aus. So wurden nach der Extraktion der Aromaträger von der Matrix die Lösungen der Proben zunächst mittels eines Gaschromatographen (GC) analysiert, um ein allgemeines Bild über die in der Probe vorkommenden Stoffe zu erlangen. Falls sich der Grad an für den Gaschromatographen schädlichen Verschmutzungen in der Probe in einem tolerierbaren Bereich hielt, wurde eine weitere Untersuchung an einem Gaschromatographen mit einem Massenspektrometer als Detektor durchgeführt. Die in der Probe enthaltenen Substanzen konnten anschließend über deren Massenspektrum identifiziert und auch die Inhaltsstoffe anderer Proben über einen Vergleich der Retentionszeiten zugeordnet werden.

3.2 Materialien und Methoden

3.2.1 Materialien

Analysiert wurden drei kommerziell erhältliche Kaugummis, die in Supermärkten in Kempten und Umgebung erworben wurden (eine Auflistung findet sich in Tabelle I im Anhang I.). Der als Lösungsmittel eingesetzte und über die Firma Sigma-Aldrich bezogene Diethylether wies eine Reinheit von mindestens 99,8% auf. Weiter eingesetzte Lösungsmittel, z. B. Heptan, stammten aus dem Inventar der Technischen Universität München. Das für den Gaschromatographen eingesetzte Wasserstoffgas wurde über einen Wasserstoffgenerator vor Ort in hoher Reinheit hergestellt, das ebenfalls hochreine Heliumgas stammt aus dem Hausleitungsnetz der Universität.

3.2.2 Vorbereitung der Proben

Die Probenaufbereitung stützt sich auf die Ergebnisse einer taiwanesischen Forschergruppe, welche eine Methode zum Nachweis von Antioxidantien in Kaugummis entwickelt hat. Hsiu-Jung Lin et al. haben herausgefunden, dass sich in einer Vergleichsuntersuchung die Extraktion mithilfe von Diethylether in einem Ultraschallbad als am effektivsten erwies, da nur durch dieses Lösungsmittel die Gummisubstanz gelöst werden konnte [36].

Eine Menge von 1 g der zuvor zerkleinerten Kaugummiproben wurden mit einer Genauigkeit von 0,0005 g in ein Rollrandglas eingewogen und 10 ml Diethylether (Genauigkeit +/- 0,04 ml) hinzugefügt. Die so vorbereitete Probe wurde 15 Minuten in einem Ultraschallbad bei geschlossenem Deckel extrahiert. Danach wurde der Inhalt des Glases in ein vorher mit Aceton ausgespültes und getrocknetes Zentrifugenglas gegeben und bei einer Geschwindigkeit von 5000 Umdrehungen pro Minute rund zwei Minuten zentrifugiert, um sämtliche festen, noch in der Probe vorhandenen Rückstände abzutrennen. Vom klaren Überstand wurden 5 ml mit einer Pipette abgenommen (Genauigkeit +/-0,05 ml), die anschließend in ein neues Schnappdeckelglas eingefüllt wurden. Direkt vor der Analyse der Proben wurde rund 1 ml des Extraktes in eine Einwegspritze aufgezogen und über einen HPLC Spritzenfilter in ein Gaschromatographie-Probenglas gepresst. Das Probenglas wurde hierauf mit einem Septum verschlossen und in den Autosampler des Gaschromatographen gestellt.

Für stark verunreinigte Proben wurde nach einer ersten GC-Untersuchung eine säulenchromatographische Aufreinigung durch eine sog. ‚Stümmelsäule' durchgeführt. Hierzu nimmt man eine Pasteuerpipette, verschließt diese am unteren Ende mit etwas Watte, und füllt sie bis zu ¾ des Füllvolumens mit Kieselgel auf. Sodann wird mithilfe einer weiteren Pipette die aufzureinigende Probenlösung auf die vorbereitete Säule gegeben und diese mit einem aufgesteckten Gummisauger durch die Chromatographie-Säule gepresst. Als zusätzliches Fließmittel wird von oben noch Pentan zugegeben und die Flüssigkeit weiter durch die Säule gedrückt (zur Illustration dieser Säule siehe Anhang III).

3.2.3 Einstellungen der Gaschromatographen

Die Untersuchungen der Proben im Rahmen dieser Arbeit wurden zum einen auf einem *Agilent 6890 Series* Gaschromatogaphen mit einem Flammenionisationsdetektor (FID) (siehe Abbildung 6) und einem *Agilent 6890 Series* Gaschromatogaphen mit einem *Agilent 5973 Mass Selectiv Detektor* Quadropol-Massenspektrometer durchgeführt. Für den GC/FID wurde Wasserstoff als Trägergas mit einer Flussrate von 1,8 ml/min und einem Druck von 75,2 kPa eingesetzt. Bei der verwendeten Säule handelt es sich um eine HP-5 Kapilarsäule (30 m Länge, 0,25 mm Durchmesser, 0,25 µm Filmdicke, Trägermaterial: 95% Dimethylpolysiloxan, 5% Diphenylpolysiloxan; Agilent J&W, USA). Die Temperatur des Injektors lag bei 250 °C, die des Detektors bei 270 °C. Die Temperatur des Ofens wurde durch ein Temperaturprogramm geregelt und von anfänglich 60 °C, welche zunächst für drei Minuten gehalten wurden, mit einer Geschwindigkeit von 15 °C/min auf eine Endtemperatur von 250 °C gesteigert, die für fünf Minuten gehalten wurde. Das Injektionsvolumen, welches über den im Split-Modus betriebenen Injektor (Split-Verhältnis: 1:20) in das System injiziert wurde lag bei 5 µl, d. h. nur rund 1/20 des Injektionsvolumens gelangte tatsächlich zur Auftrennung auf die Säule [37].

Für den GC/MS galten fast identische Bedingungen. Als Säule wurde hier eine HP-5MS UI (30 m Länge, 0,25 mm Durchmesser, 0,25 µm Filmdicke, ULTRA INERT; Trägermaterial: 95% Dimethylpolysiloxan, 5% Diphenylpolysiloxan; Agilent J&W, USA) eingesetzt, als Trägergas wurde Helium mit einer Flussrate von 0,9 ml/min und einem Druck von 50 kPa verwendet. Im Massenspektrometer (Temperatur: 270 °C) kam Elektronenstoßionisation (EI) mit einer Energie von 70 eV zur Anwendung [ebd.].

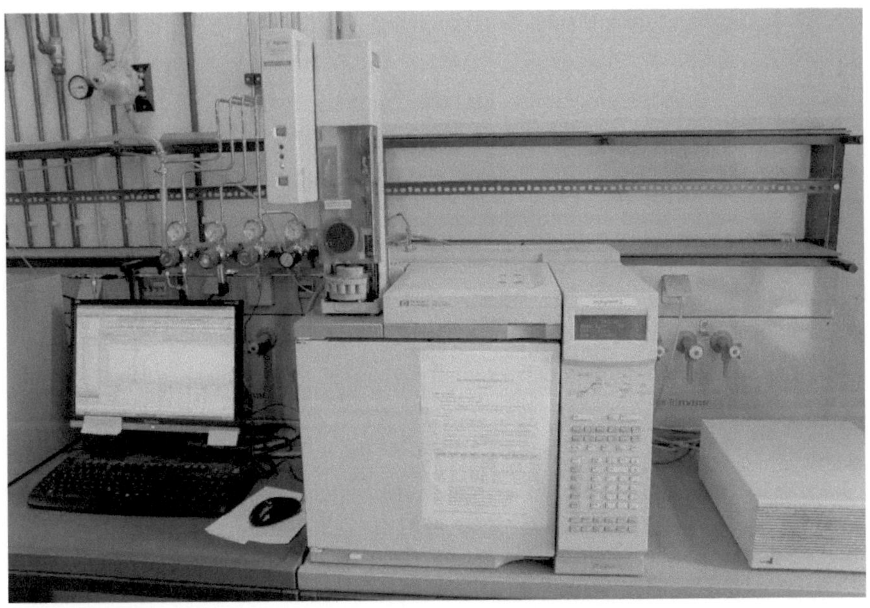

Abbildung 6: Der in den Versuchen eingesetzte Gaschromatograph mit FID-Detektor. Zu sehen ist der eigentliche Gaschromatograph mit dem aufgesetzten Autosampler und einem Computer zur Auswertung [38].

3.3 Ergebnisse und Auswertung

3.3.1 Probenvorbereitung

Die Extraktion der Proben mithilfe von Ultraschall-Flüssigextraktion erwies sich im Rahmen der Arbeit als für die untersuchten Proben sehr geeignet. Bei den Proben 1 und 2 wurde die Matrix vollständig zerstört: Als Rückstand blieb hier nur eine geringe Menge eines weißen, feinverteilten Feststoffs zurück. Probe 3 hingegen konnte auch nach längerer Behandlung im Ultraschallbad nicht vollständig dispergiert werden. Bei dieser war zwar ebenfalls ein weißes Feststoff als Rückstand zu beobachten, jedoch auch noch größere Klumpen. Die Auswertung der GC-Analysen ergab aber, dass bei allen drei Proben eine sehr gute Extraktion der Aromastoffe durch das Lösungsmittel festzustellen war. Die genauen Beobachtungen des Extraktionsprozesses sind in Anhang II aufgezeigt.

3.3.2 Gaschromatographische Untersuchung

Das eingesetzte GC-Programm ist das an der Technischen Universität München verwendete Standardprogramm für die Trennung der meisten organischen Verbindungen. Dieses bewährt sich in der Analyse sehr gut, doch musste aufgrund der Vielzahl an polaren und hochsiedenden Komponenten, die im Kaugummi enthalten waren, nach jedem Trennungsgang eine Reinigung der Säule durch das Einspritzen von reinem Methanol durchgeführt werden. So lässt sich aus den Chromatogrammen feststellen (vgl. 3.3.7), dass bis zum Ende der Analyse immer noch sehr viele, zum Teil recht intensitätsstarke Verbindungen im Detektor registriert wurden. Durch die Identifizierung einiger Substanzen mithilfe des Massenspektrometers konnte auch die Konstanz der Retentionszeiten überprüft werden. Am Beispiel der Substanz Limonen, die in allen drei Proben vorkommt, konnte die relative Standardabweichung, welche hier einen Wert von ca. 0,15% betrug, mithilfe eines Tabellenkalkulations-programmes berechnet werden.

3.3.3 Analyse der Proben mittels GC/FID

Um zunächst ein allgemeines Bild über die in der Probe enthaltenen Komponenten und deren Konzentration zu bekommen, wurden alle Proben zunächst auf einem Gaschromatographen mit einem FID als Detektor analysiert. Hierbei ließ sich feststellen, dass in allen Proben eine sehr große Vielfalt an Stoffen enthalten ist. Bei den Proben 1 und 2 war allerdings der Anteil an polaren Inhaltsstoffen so hoch, dass die Proben zusätzlich noch durch eine sog. ‚Stümmelsäule' aufgereinigt und nochmals analysiert wurden (vgl. 3.2.2).

3.3.4 Untersuchung der Proben mittels GC/MS

Die Proben 2 und 3 wurden nach der GC/FID Untersuchung auch mittels GC/MS analysiert. Die Auswertung beginnt hier allerdings erst nach einer Zeit von 3,8 Minuten, da versucht wurde eine Verunreinigung des Massespektrometers durch die große Menge an Lösungsmittel zu verhindern. Insgesamt wurden pro Probe 5649 Massenspektren aufgenommen, welche über ein Auswertungsprogramm geladen und für die intensitätsstärksten Peaks die Massenspektren ausgewertet wurden. Hierbei wurden verschiedene Spektren-Datenbanken [39, 40, 41] als Hilfsmittel genutzt und die Substanzen über Referenzspektren zugeordnet.

Am Beispiel des Menthols, welches in allen drei Proben vorzufinden war, soll die Auswertung der Massenspektren exemplarisch gezeigt werden. Das

Mentholspektrum ist zudem repräsentativ für eine Vielzahl an Monoterpenen, deren Spektren große Ähnlichkeiten zueinander aufweisen. Das nun besprochene Spektrum (siehe Abbildung 7) bezieht sich auf die Analyse von Probe 3 und den im Gaschromatogramm enthaltenen Peak mit einer Retentionszeit von 9,023 Minuten.

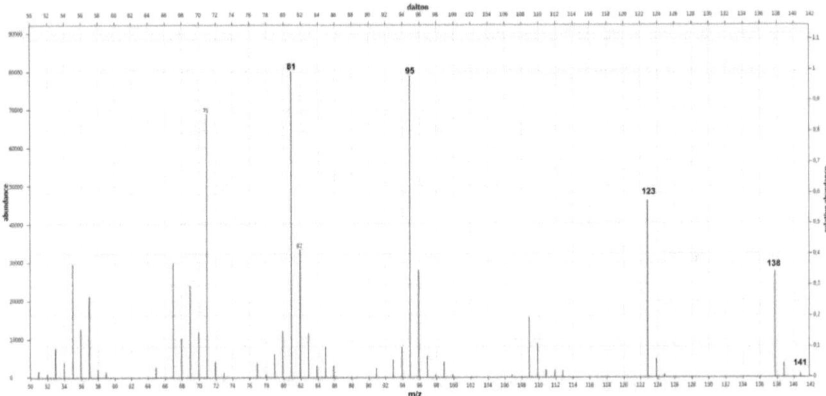

Abbildung 7: Das aus der Analyse der Probe 3 hervorgehende Massenspektrum für die Retentionszeit von 9,023 Minuten [42].

Die Auftrennung in einem Massenspektrometer erfolgt innerhalb eines elektrischen Feldes durch die Ablenkung von Ionen und deren anschließende Detektion. Diese Ablenkung ist sowohl von der Masse, als auch von der Ladung des Ions abhängig. Da allerdings innerhalb eines elektrischen Feldes eine Verdoppelung der Ladung zur gleichen Ablenkung wie eine Halbierung der Masse des Ions führt, kann hier keine definitive Massenzuordnung erfolgen. Aus diesem Grunde werden in der Massenspektrometrie die einzelnen Fragmente mithilfe des Quotienten aus Masse und der jeweiligen Ladung, dem m/z-Wert, angegeben [43].

Normalerweise gibt der Peak mit dem höchsten m/z-Wert eine erste Information über die enthaltene Substanz. Bei Menthol würde diese bei m/z = 156 liegen; ist allerdings in dem gemessenen Spektrum aufgrund der recht ‚starken' EI-Ionisation nicht mehr zu finden. Die im Allgemeinen sehr schlechte Messbarkeit dieses Peaks ist charakteristisch für Verbindungen deren Moleküle einen gesättigten Sechsring enthalten [44]. Als sehr intensitätsstark, fällt im hohen m/z-Bereich der Peak bei m/z = 138 auf, welcher durch Abspaltung eines Wassermoleküls (m/z = 18) aus einem Mentholmolekül (in der Kurznotation mit M bezeichnet) hervorgeht $[M^{+\cdot}-H_2O]^+$. Der Grund für diese Fragmentierung ist eine sog. McLafferty-Umlagerung, genauer eine [1,3]- bzw. [1,4]-sigmatrope Umlagerung, bei der ein Wasserstoffatom innerhalb eines Moleküls übertragen wird [45]. Wird aus diesem Ion eine Methylgruppe (m/z = 15) abgespalten, erhält man einen Peak mit m/z 123 $[M^{+\cdot}-H_2O-CH_3]^+$. Wenn stattdessen die Isopropylgruppe abgespalten wird, entsteht ein Ion mit m/z 95 $[M^{+\cdot}-H_2O-CHCH_3CH_3]^+$ (vgl. Abbildung 8) [46].

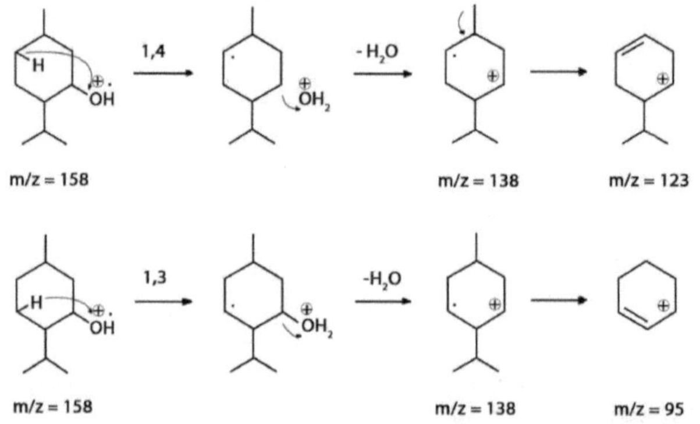

Abbildung 8: Fragmentierungsschritte durch Elektronenstoßionisation am Beispiel des Menthols [47].

Für das Ion mit m/z 81 gibt es mehrere Erklärungsmöglichkeiten. Entweder es entsteht durch Abspaltung sämtlicher Substituenten des dem Menthol-Moleküls zugrundeliegenden Sechsringes $[M^{+\cdot}-OH-CHCH_3CH_3-CH_3]^+$ oder man geht von mehreren McLafferty-Umlagerungen aus (vgl. Abbildung 9) [46].

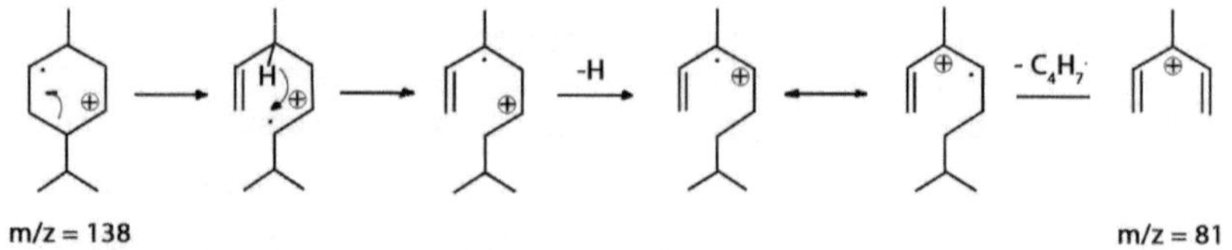

Abbildung 9: Fragmentierungsschritte eines Menthol-Moleküls zu einem Ion mit m/z = 81 durch Elektronenstoßionisation auf Basis eines Fragmentes mit m/z = 138 [48].

Die genaue Zuordnung des Massenspektrums zu einer konkreten Verbindung erfolgt auf Basis gespeicherter Referenzspektren, mit denen zudem die Intensitäten verglichen werden. Insgesamt kann so eine sehr genaue Zuordnung getroffen werden.

Neben der reinen Interpretation der Massenspektren konnte auch eine genauere Differenzierung von Stoffen durch ihre Siedetemperatur durchgeführt werden. Da für die Trennung im Gaschromatographen ein Temperaturprogramm verwendet wurde, findet die Auftrennung zum größten Teil nicht wie sonst bei einer Chromatographie üblich durch die Polarität der einzelnen Stoffe, sondern vielmehr durch die jeweiligen Siedepunkte statt. Wenn nun also für den Peak eines Stoffes zu einer bestimmten Retentionszeit mehrere mögliche Verbindungen aufgrund nahezu identischer Massenspektren gefunden wurden, kann durch den Vergleich der Siedepunkte dieser Stoffe mit den Siedepunkten von im Chromatogramm benachbarten, einwandfrei identifizierten Stoffen eine Zuordnung getroffen werden.

3.3.5 Auswertung und Identifizierung der Einzelkomponenten

Aufgrund der Massenspektren der aufgetrennten Bestandteile konnten in den Proben 2 und 3 die in Anhang IV aufgelisteten Substanzen festgestellt werden. Über einen Vergleich der Retentionszeiten im Gaschromatogramm war es möglich, auch einige Inhaltsstoffe von Probe 1 zu identifizieren. Mithilfe des Programmes ‚Unichrom‘ wurden die einzelnen Peaks integriert und durch ein Tabellenkalkulationsprogramm die Berechnungen zu den jeweiligen prozentualen Anteilen vorgenommen. Für die Anteilsberechnung wurden immer die GC/FID-Untersuchungen herangezogen. Bei einem Vergleich der Chromatogramme der FID- und MS-Untersuchungen von Probe 2 und 3 fällt auf (vgl. 3.3.7.2 und 3.3.7.3), dass zwar alle Peaks vorhanden, diese aber verschoben sind und nicht immer im selben Verhältnis zueinander stehen wie es in der entsprechenden anderen Untersuchung der Fall war.

Unter der hypothetischen Annahme, dass der Response-Faktor aller detektieren Stoffe gleich ist, lassen sich die integrierten Flächen der Chromatogramme als massenäquivalent sehen. Der prozentuale Anteil $c(X)$ einer einzelnen Substanz X in der Probe ergibt sich aus dem Quotienten der, durch Integration der Peaks, ermittelten Flächeninhalte der Substanz X (a_x) und der Gesamtfläche der Peaks aller Substanzen $(a_{ges.})$ multipliziert mit dem Faktor 100.

$$c(X) = \frac{a_X}{a_{ges.}} * 100 \quad (Formel\ 1.1\ [49])$$

Die Ergebnisse der Anteile der Aromen lassen sich dennoch als weitgehend korrekt ansehen, da es sich bei den meisten detektierten Substanzen um Monoterpene handelt, die von nahezu gleicher Masse und chemischer Struktur sind; sie sind teilweise sogar zueinander isomer. Um nun eine quantitative Information, bezogen auf die gesamte Probe, also ohne den Lösungsmittelanteil, zu bekommen, wurde in der Berechnung zuerst der prozentuale Anteil des Lösungsmittels an der Probe, *c(S)*, abgezogen. Der jeweilige Anteil einer einzelnen Substanz $c_{ges.}(X)$ in der Probe ergibt sich nun aus dem Quotienten des im erstem Schritt mithilfe der Formel 1.1 berechneten Anteils der Substanz in der gesamten Probe *c(x)* und dem Anteile aller anderen in der Probe enthaltenen Substanzen abzüglich des Anteils des Lösungsmittels *c(S)*. Dieser Quotient muss nun noch mit dem Faktor 100 multipliziert werden (Formel 1.2).

$$c_{ges.}(X) = \frac{c(X)}{100 - c(S)} * 100 \quad (Formel\ 1.2\ [49])$$

Die somit erhaltenen Daten geben Rückschluss über den Anteil einer Komponente an der gesamten Probe. Um allerdings die Herkunft eines Aromas bestimmen zu können, ist nur der Anteil eines einzelnen Aromastoffs unter den andern Aromen interessant. So stammten zum Beispiel die in der Probe detektierten Antioxidantien oder der Aromenträger Triacetin nicht aus einer natürlichen Aromaessenz, die zur Zubereitung des untersuchten Kaugummis eingesetzt wurde. Für diesen relativen Anteil eines Aromas innerhalb der anderen Aromen $c_{rel.}(X)$ werden nur die aromawirksamen Komponenten berücksichtigt und die Anteile der einzelnen Substanzen bezüglich ihrer Gesamtanteile als Prozentwert berechnet (Formel 1.3).

$$c_{rel.}(X) = \frac{c_{ges.}(X)}{\sum c_{ges.}(Aromen)} * 100 \quad (Formel\ 1.3\ [49])$$

Eine Übersicht über die in Proben 1 bis 3 gefunden Substanzen und deren jeweilige Anteile in der Probe (sowohl auf die gesamte Probe bezogen als auch die relativen Anteile) zeigen die Tabellen in Anhang IV.

Aufgrund z.T. stark schwankender Mengen einzelner Komponenten innerhalb der Proben war es nicht möglich, alle Peaks eindeutig zuzuordnen. Im

Retentionszeitenbereich zwischen 5 und 11 Minuten konnten nahezu alle Substanzen identifiziert werden. Hingegen war im Retentionszeitenbereich über 12 Minuten eine Zuordnung, bedingt durch die bei steigenden Siedetemperaturen folglich auch höhere Molekülgröße und die somit größere Anzahl an potentiellen Verbindungen, nur noch teilweise bzw. mit einer sehr hohen Fehlerquote möglich. Allerdings lässt sich aufgrund der geringen Flüchtigkeit dieser hochsiedenden Substanzen davon ausgehen, dass diese sowieso nicht mehr zu den Aromen zu zählen sind. Die detaillierte Besprechung der enthaltenen Substanzen folgt unter Punkt 3.3.7.

3.3.7 Auswertung des Anteils der Aromen in den einzelnen Proben und Folgerungen über deren Herkunft

3.3.7.1 Probe 1

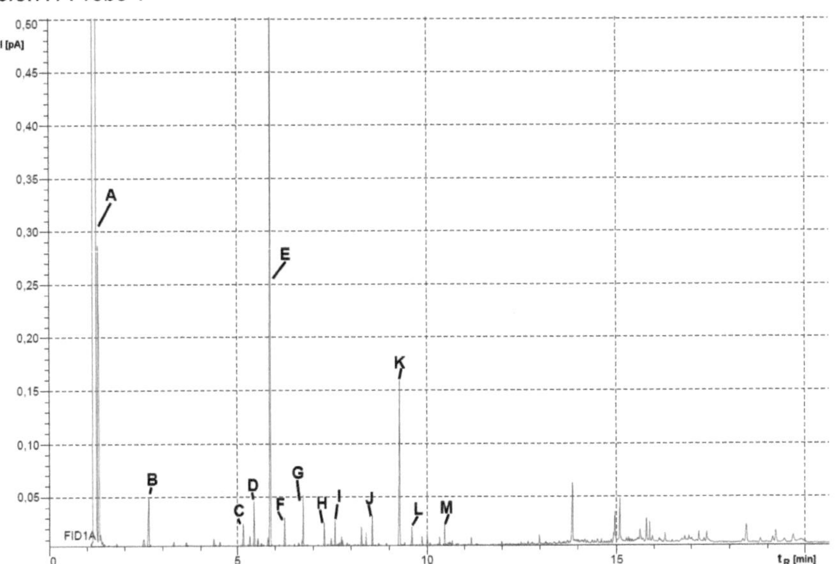

Abbildung 10: Gaschromatogramm der Probe 1 in der GC/FID Untersuchung. Zuordnung der wichtigsten Peaks: A: Lösungsmittel/Diethylether; B: Essigsäure-n-propylester; C: α-Pinen; D: nicht identifizierbar; E: Limonen; F: γ-Terpinen; G: nicht identifizierbar; H: Isopulegol; I: Menthol; J: Geranial; K: Triacetin; L: nicht identifizierbar; M: Butylhydroxyanisol (BHA) [50].

In Probe 1 (Chromatogramm siehe Abbildung 10) finden sich als Hauptbestandteil Limonen (67,5%) und eine Vielzahl von Monoterpenen, die im Prozentbereich vorkommen. Hier ist vor allem γ-Terpinen (2,3%), α-Pinen (3,1%), Menthol (2,1%) und Citral (2,2%) zu nennen (die Strukturformeln sind in Abbildung 11 dargestellt). Die Analyse ergab weiterhin eine sehr große Anzahl anderer Komponenten (vgl. Anhang IV, Tabelle III). Neben den genannten Monoterpenen ist der ausgeprägte, intensitätsstarke Peak des Triacetins auffällig (t_R = 9,273 min), welches in der gesamten Probe einen Anteil von 12,1% aufweist.

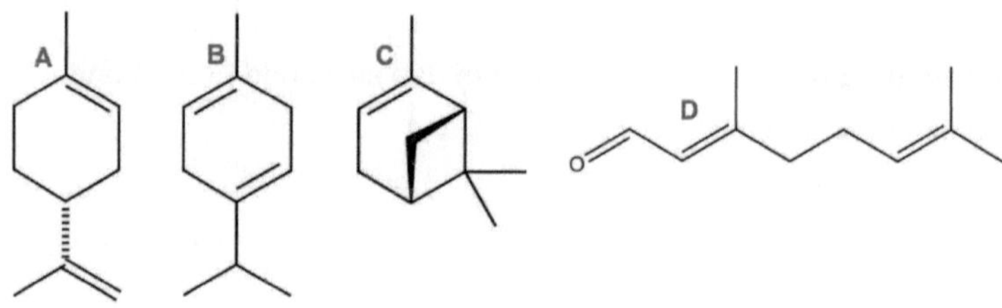

Abbildung 11: Strukturformeln von A: (R)-(+)-Limonen, B: γ-Terpinen, C: (1R)-(+)-α-Pinen, D: (2E)-Citral (Geranial) [51].

In der Natur kommt Limonen vor allem in Limetten- und Zitronenöl vor, in dem es normalerweise zu rund 70% enthalten ist. Es folgt eine Vielzahl an weiteren Terpenen wie γ-Terpinen, Pinene, Aldehyde (davon hauptsächlich Citral), einige Komponenten deren Anteil sehr niedrig ist und Sesquiterpene (Bisabolen, Bergamoten und Caryophyllen) [28].

Da die Zusammensetzung der Monoterpene im Spurenbereich und der hohe Gehalt von Limonen mit den Angaben der Literatur [28,52] weitestgehend korrelieren, lässt sich davon ausgehen, dass natürliches Zitronen- bzw. Limettenöl die Basis des Aromas der Probe ist. Sogar die Mengen der enthaltenen Substanzen sind mit den Literaturangaben weitestgehend identisch [ebd.]. Ein sehr starkes Indiz ist zudem auch das Vorkommen der Sesquiterpene, deren Zusammensetzung ebenfalls mit der Quelle übereinstimmt.

Da für Probe 1 kein Massenspektrum aufgenommen wurde, ließen sich hier nur wenige weitere Inhaltstoffe identifizieren. Zu nennen ist hier eigentlich nur das Antioxidationsmittel Butylhydroxyanisol (BHA).

3.3.7.2 Probe 2

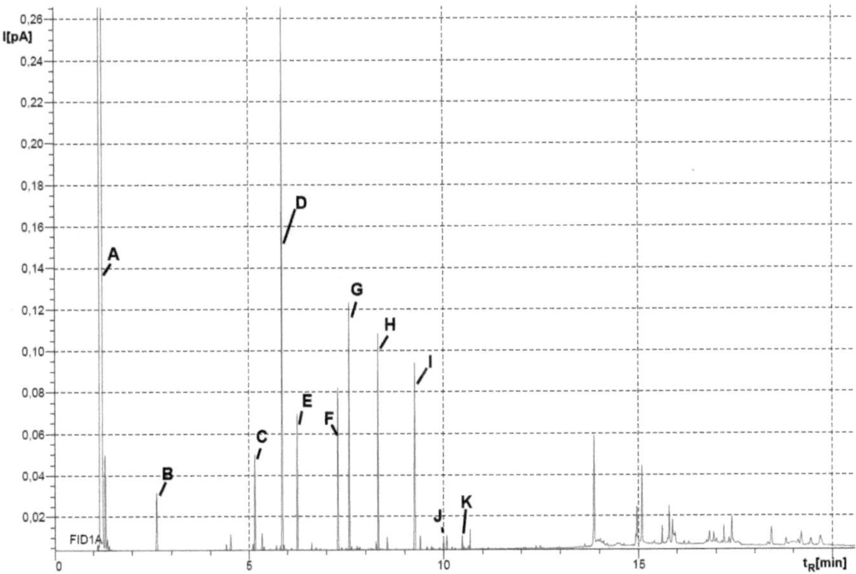

Abbildung 12: Gaschromatogramm der Probe 2 in der GC/FID Untersuchung.
Zuordnung der wichtigsten Peaks: A: Lösungsmittel/Diethylether; B: Essigsäure-n-
propylester; C: α-Pinen, D: Limonen, E: α-Terpinen, F: Isopulegol, G: Menthol; H:
Carvon, I: Triacetin, J: α-Caryophyllen, K: Butylhydroxyanisol (BHA) [53].

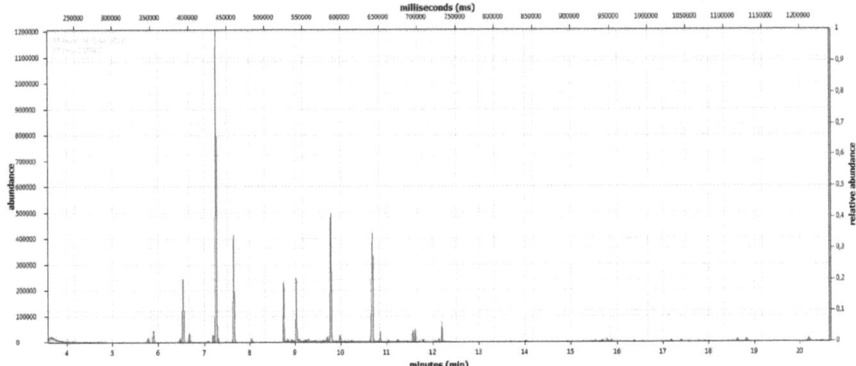

Abbildung 13: Gaschromatogramm der Probe 2 in der GC/MS Untersuchung; man
beachte die von der GC/FID-Untersuchung verschobene Retentionszeit aufgrund der
unterschiedlichen Trägergase. Die Peaks sind identisch, allerdings sind aufgrund der
anderen Detektionstechnik die Intensitätssignale verschieden [54].

Die in Probe 2 eingesetzten Aromen sind laut Hersteller eine Mischung aus zwei Komponenten; einem Minz- und einem Limettenaroma. Dies lässt sich so auch aus den Chromatogrammen (siehe Abbildung 12 und 13) entnehmen, in denen zwei Hauptbestandteile auffallen: Limonen und Menthol.

Die in der Probe für ein Limettenaroma verantwortlichen Substanzen sind Limonen (35,9%), welches den Hauptbestandteil ausmacht, α-Terpinen (8,0%) und α-Pinen (7,5%). In ihrer Zusammensetzung stimmen sie zu einem relativ hohen Anteil mit den Inhaltsstoffen von natürlichem Limettenöl überein, wie es schon in Probe 1 vorzufinden war [28,52]. Des Weiteren findet sich in der Probe eine Vielzahl an Monoterpenen im Spurenbereich, welche ebenfalls diese Schlussfolgerung unterstützen. Die genaue Auflistung aller identifizierten Substanzen ist in Anhang IV, Tabelle IV wiedergegeben.

Das Minzaroma in der Probe hingegen ist nur schwer zuzuordnen. Es fällt auf, dass zwar Menthol (16,3%), dessen Begleitstoffe, die in Pflanzen durch Oxidation eben dieser Verbindungen entstehen (zum Beispiel Menthon (0,08%)), nur zu minimalsten Mengen in der Probe zu finden sind. Dafür ist in der Probe ein hoher Gehalt an Carvon (12,9%) festzustellen, welcher nur in wenigen Minzarten vorzufinden ist. Dem Hersteller zufolge ist das Aroma namens „Mojito" enthalten [55], welches an einen bekannten mexikanischen Cocktail angelehnt ist, für dessen Zubereitung auf die dort heimische *Mentha Nemorosa* (auch *Mentha × villosa*) zurückgegriffen wird [56]. Diese Minzart weist als Hauptbestandteile Carvon und Limonen auf, deren genauer Anteil von den jeweiligen örtlichen Bedingungen abhängig ist [57]. Da hier allerdings bisher kaum andere wissenschaftliche Erkenntnisse vorliegen, lässt sich keine Angabe über die Herkunft des hier eingesetzten Aromas machen. Dennoch kann man konstatieren, dass - zumindest gemäß eben genannter Quelle - in dieser Minzart der Gehalt an Carvon den an Limonen deutlich übersteigt (70% : <10%), während in der untersuchten Probe der Limonenanteil den viel größeren Anteil ausmacht. Da in der Aromamischung allerdings sowohl das Minz- als auch das Limettenaroma Limonen als Bestandteil enthalten ist, lässt sich dies allerdings auch nicht als Hinweis verwerten.

Neben den Aromastoffen fand sich hier BHA und eine Vielzahl an weiteren insignifikanten Verbindungen, deren Identifizierung nicht immer eindeutig gewesen ist. Aus diesem Grunde werden diese Substanzen hier auch nicht aufgeführt.

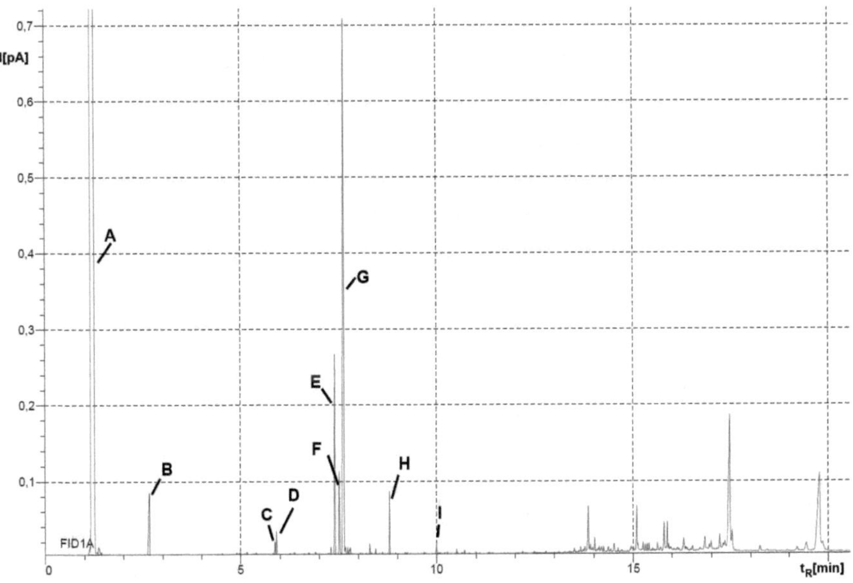

Abbildung 14: Gaschromatogramm der Probe 3 in der GC/FID Untersuchung. Zuordnung der wichtigsten Peaks: A: Lösungsmittel/Diethylether; B: Essigsäure-n-propylester; C: Limonen, D: 1,8-Cineol (Eucalyptol), E: Menthon, F: Isomenthon, G: Menthol, H: Menthylacetat, I: α-Caryophyllen [58].

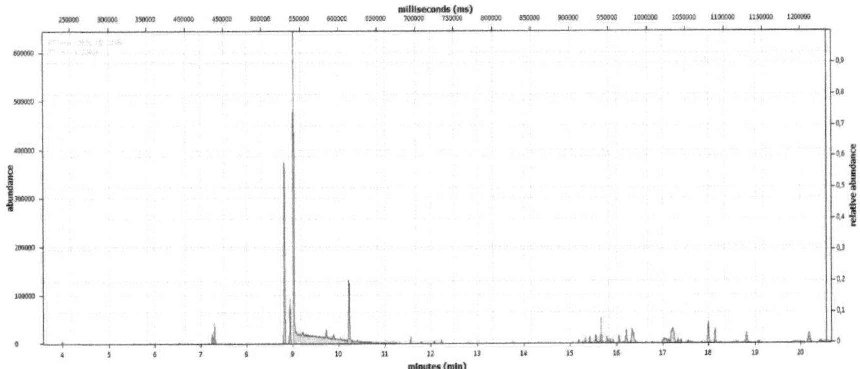

Abbildung 15: Gaschromatogramm der Probe 3 in der GC/MS Untersuchung [59].

Das Aroma der analysierten Kaugummiprobe (die Chromatogramme sind unter Abbildung 14 und 15, die ausführlichen Analyseergebnisse unter Anhang IV, Tabelle V zu finden) weist eine Mischung aus Komponenten auf, welche in ihrer Verteilung der eines natürlichen Minzöls entspricht. So sind die enthaltenen Monoterpene charakteristisch für die Minze und gleichen dieser auch quantitativ weitestgehend [27,60]. Hauptkomponente der Probe ist Menthol mit einem relativen Anteil von 70,5%. Daneben findet sich noch Menthon (14,6%), Isomenthon (6,6%) und Menthylacetat (3,8%). Menthol bzw. die beiden enthaltenen Menthon-Isomere sind für den Minzgeschmack verantwortlich. Besonders das (-)-Menthol, welches zusammen mit seinem Enantiomer den Menthol-Peak bildet (t_R = 7,63 min), weist eine subjektiv kühlende Wirkung auf. Wegen dieser Eigenschaft sind Pfefferminzaromen recht beliebt und werden aus diesem Grunde auch gerne in Kaugummi eingesetzt [27]. Menthon (Strukturformel siehe Abbildung 16; A), das Oxidationsprodukt des Menthols, hat ebenfalls ein Minz-Aroma, jedoch nicht einen kühlenden Effekt [61], wohingegen das Aroma von Menthylacetat (Strukturformel siehe Abbildung 16; B) als „Tee-artig, kühlend und fruchtig" beschrieben wird [62]. Das normalerweise in natürlichem Minzöl vorkommende Menthofuran findet sich in der Probe nicht. Diese Tastsache führt zu einer wichtigen Folgerung: Menthofuran wird industriell meist aufgrund seines nicht gewünschten, moderig-schimmligen Geruches aus Minzöl abgetrennt [63,64] und somit lässt das Fehlen dieser Substanz mit Sicherheit auf eine Bearbeitung des in dieser Probe eingesetzten Aromas schließen. In der Probe findet sich zudem ein relativ hoher Anteil an Limonen (0,86%), welches in Minzöl nur als Begleitstoff auftritt.

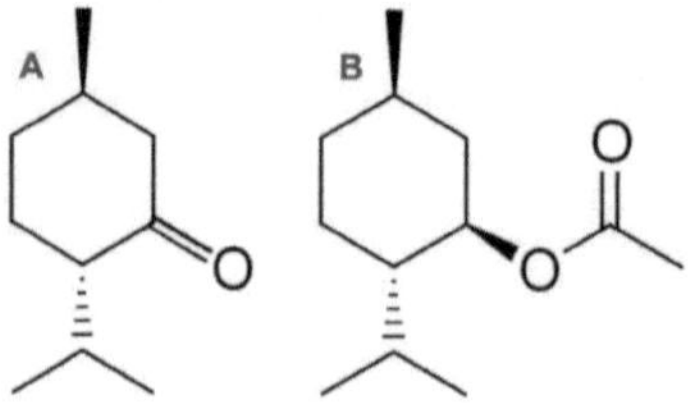

Abbildung 16: Strukturformeln von A: Menthon, B: Menthylacetat [65].

Unter Betrachtung der verschiedenen Bestandteile des hier vorhandenen Minzaromas kann man davon ausgehen, dass es natürlichen Ursprungs ist. Allerdings wurde es modifiziert, um störende Begleitaromen zu beseitigen und das „Geschmackserlebnis" zu verbessern – wohl auch durch den Zusatz von Spuren anderer Aromen wie Limonen. Dieses Ergebnis deckt sich auch mit dem auf der Packung angegebenen Inhaltsstoffen (vgl. Tabelle I, Anhang I.). So steht die Herstellerangabe "Aromen" auf der Packung für das eingesetzte Minzöl, wohingegen zusätzlich hinzugefügtes Limonen separat angegeben wurde.

Auch über die Art der eingesetzten Minze gibt die Analyse Aufschluss. So wurde das Minzaroma wohl nicht aus der in Europa heimischen Pfefferminze (*Mentha x piperita*) extrahiert; diese weist einen verhältnismäßig niedrigen Gehalt an Menthol auf, der je nach äußeren Einflüssen maximal rund 50% erreicht; meist liegt er jedoch zwischen 30 und 40% [27,66,67]. Der in der Probe gefundene Anteil an Menthol von über 70% deutet auf die japanische Ackerminze (*Mentha arvensis var. piperascens*) hin. Diese wird zum Zweck der Aromengewinnung weltweit in großem Maße kultiviert und weist im Vergleich zu anderen Minzarten einen Mentholgehalt von zwischen 70% und 95% auf; des Weiteren enthält die Ackerminze zwischen 10% und 20% Menthon und die weiteren Mentholderivate [27,60,66,67]. Diese prozentualen Anteile von Substanzen aus den Literaturangaben stimmen eindeutig mit den Resultaten der gaschromatographischen Untersuchung der Probe 3 überein.

Neben den Aromen ließ sich auch ein Antioxidans finden, Butylhydroxytoluol (BHT), welches durch das charakteristische Massenspektrum eindeutig zuzuordnen war. Eine Datenbankrecherche ergab hier, wie auch bei der Probe 2, eine Vielzahl an z.T. komplexen Möglichkeiten. Es lässt sich aber auf das Vorhandensein einiger heteroaromatischer Verbindungen, Aromaten und einiger Carbonylverbindungen schließen. Zudem fanden sich auch Anzeichen für Substanzen aus der Klasse der Steroide und Triacylglycerinderivate. In Anhang VI sind einige der wahrscheinlicheren Ergebnisse aufgeführt, doch ist auch hier bei mancher Verbindung die Zuordnung nicht eindeutig gewesen.

3.3.7.4 Zusätzliche Aromen

Neben der Vielzahl an Terpenen konnte in allen drei Proben auch noch Essigsäure-n-propylester, welcher - je nach Quelle- ein Frucht- [68] oder Birnenaroma aufweist [69], in nennenswerten Mengen gefunden werden (t_R = 2,63 min). In Probe 1 waren

3,5%, in Probe 2 2,7% und in Probe 3 4,0% (jeweils bezogen auf die gesamte Probe) des Stoffes enthalten. Die Herkunft dieses typischen Fruchtesters kann allerdings nur dadurch erklärt werden, dass er im Produktionsprozess gezielt hinzugegeben wurde, da er in den zur Aromatisierung eingesetzten ätherischen Ölen nicht vorkommt. Interessant ist auch, dass besagte Substanz in allen drei Proben gleichermaßen gefunden wurde, was darauf hindeutet, dass Essigsäure-n-propylester eine Grundzutat bei der Aromatisierung eines Kaugummis ist. Allerdings konnten für diese These keine Belege gefunden werden. Dies liegt auch daran, dass die Hersteller sich nicht zu Inhaltsstoffen äußern [70].

3.3.8 Genauigkeitsuntersuchung der Methode

Sowohl für Probe 1 als auch für die Probe 2 wurden jeweils zwei GC-Untersuchungen durchgeführt: vor und nach Aufreinigung der Probe durch die ‚Stümmelsäule'.

Durch Vergleich der Ergebnisse lässt sich ein Rückschluss auf die Genauigkeit bzw. die Fehlerquote der Analyse ziehen. So dürfte der Gehalt der einzelnen, weniger polaren Komponenten, wie der der untersuchten Aromen, durch die Aufreinigung kaum merklich beeinflusst worden sein. Somit lässt sich durch den Vergleich der prozentualen Menge eines Inhaltstoffes in den jeweiligen Proben die Abweichung berechnen.

Da für jede einzelne Substanz nur ein Wertepaar an Messwerten zur Verfügung steht, ist es am sinnvollsten, über die Bestimmung des arithmetischen Mittels $\bar{x}$ (Formel 2.1) die relative Abweichung f_y pro Substanz y (Formel 2.2) einzeln zu berechnen. Aus diesen für jede Substanz erhaltenen Werten für die relative Abweichung lässt sich durch Mittelung eine für die Probe gültige relative Gesamtabweichung bestimmen (Formel 2.3).

$$\bar{x} = \frac{x_{max} + x_{min}}{2} \qquad (Formel\ 2.1)[71]$$

$$f_y = \frac{|\bar{x} - x_{max}|}{\bar{x}} \qquad (Formel\ 2.2)\ [71]$$

$$f_{rel.ges.} = \frac{f_1 + f_2 + \cdots + f_n}{n} \qquad (Formel\ 2.3)\ [71]$$

So ergibt sich beispielsweise durch ein Einsetzen der Werte für den Limonengehalt in Probe 2 in die Formeln 2.1 und 2.2:

$$\bar{x} = \frac{x_{max} + x_{min}}{2} = \frac{37{,}101777 + 34{,}7628974}{2} = 35{,}9323372$$

$$f_y = \frac{|\bar{x} - x_{max}|}{\bar{x}} = \frac{|35{,}9323372 - 37{,}101777|}{35{,}9323372} = 0{,}032545609 \triangleq 3{,}25\%$$

Auf diese Weise ließ sich feststellen, dass die relative Gesamtabweichung für Probe 1 bei 4,866% und für Probe 2 bei 2,867% liegt. Diese beiden Werte sind meiner Meinung nach als sehr gut zu betrachten. Die Intention dieser Berechnung ist hauptsächlich die Validierung des angewendeten Rechnungsprozesses, um evtl. aufgetretene grobe Fehler ausschließen zu können.

3.3.9 Vergleich der Analyseergebnisse mit weiteren Untersuchungen

Vergleichende Untersuchungen hinsichtlich den in Kaugummis eingesetzten Aromen bzw. deren Ursprungs wurden bisher noch nicht publiziert. Aus diesem Grunde ist auch ein Vergleich mit anderen Ergebnissen nicht möglich. Allerdings finden sich Analysen zu den einzelnen Aromakomponenten wie sie aus natürlichen Rohstoffen extrahiert wurden. Auf Basis dieser wurde die Auswertung der von mir gemessenen Untersuchungsergebnisse durchgeführt und versucht einzelne Übereinstimmungen zu finden.

4. Schluss

Der Geruchssinn wird häufig auch als niederer Sinn gesehen, auch weil er mit primitiven Instinkten in Verbindung steht [72]. Doch gibt uns dieser Sinn eine Fähigkeit, die unser Leben und unsere Wahrnehmung ungemein bereichert. Unsere Nase ist in der Lage eine Vielzahl an Stoffen zu unterscheiden – und es ist faszinierend, in was für einer großen Zahl diese selbst in einem ‚simplen' Lebensmittel wie einem Kaugummi auftreten: In den Proben konnten an die 100 verschiedene Substanzen im Retentionszeitenbereich der Aromen detektiert werden. Wie komplex die natürlichen Aromen aber tatsächlich sind zeigt sich darin, dass teilweise in einem Aromaextrakt sogar weit über 1000 verschiedene Stoffe enthalten sein können [73].

In meinen Untersuchungen konnte festgestellt werden, dass die gaschromatographische Analyse nach vorhergehender Extraktion der Probe mit Diethylether eine geeignete Methode ist, um diese Vielfalt an Stoffen wissenschaftlich zu untersuchen. Ich hoffe mit dieser Untersuchung einen interessanten Einblick in die Vielfalt der Aromen in unseren Lebensmitteln, als auch eine neue Methode für die Aromaanalyse in Kaugummis aufzeigen zu können.

Quellenverzeichnis

[1] E. Erdmann, *Über den Geruchssinn und die wichtigsten Riechstoffe*, Angewandte Chemie, **1900**, Vol. 13, Band 5, 103-116

[2] Hans-Dieter Belitz et al., *Lehrbuch der Lebensmittelchemie*, 6.Auflage, Springer Verlag, **2008**, S. 346

[3] R. Schmidt, *Physiologie des Menschen: Mit Pathophysiologie*, 30.Auflage, Springer Verlag, **2007**, S. 427

[4] *Umami*, Römpp Online - Version 3.18, **2011**, Georg Thieme Verlag

[5] J. Albrecht & M. Wiesmann, *Das olfaktorische System des Menschen / Anatomie und Physiologie*, Der Nervenarzt, **2006**, Vol. 77, Nr. 8, S. 931-939

[6] *Riechstoffe*, Römpp Online - Version 3.18, **2011**, Georg Thieme Verlag

[7] R.G. Berger, *Flavours and Fragrances*, 1.Auflage, Springer Verlag, **2007**, S. 45

[8] *Terpene*, Römpp Online - Version 3.18, **2011**, Georg Thieme Verlag

[9] C.S. Sell, *A Fragrant Introduction to Terpenoid Chemistry*, 1.Auflage, Royal Society of Chemistry, **2003**, S. 1-4

[10] Abbildung 1: Eigene Graphik

[11] R.G. Berger, *Flavours and Fragrances*, 1.Auflage, Springer Verlag, **2007**, S. 71-73

[12] N.Grant & R.Naves, *Perfumes and the Art of Perfumery*, Journal of Chemical Education, **1972**, Vol. 49, Band 8, S. 526

[13] Abbildung 2: Graphik bearbeitet nach

URL: http://www.leffingwell.com/menthol1/menthol1.htm, aufgerufen am 01.11.2011

[14] Hans-Dieter Belitz et al., *Lehrbuch der Lebensmittelchemie*, 6.Auflage, Springer Verlag, **2008**, S. 402

[15] *Vanillin*, Römpp Online - Version 3.18, **2011**, Georg Thieme Verlag

[16] Abbildung 3; Eigene Graphik

[17] *Fruchtester*, Römpp Online - Version 3.18, **2011**, Georg Thieme Verlag

[18] W. Riemenschneider, H. M. Bolt, *Esters, Organic*, Ullmann's Encyclopedia of Industrial Chemistry. Online-Ausgabe, Wiley-VCH, **2005**, S. 19

[19] Hans-Dieter Belitz et al., *Lehrbuch der Lebensmittelchemie*, 6.Auflage, Springer Verlag, **2008**, S. 368-369

[20] Abbildung 4: Eigene Graphik

[21] C.S. Sell, *A Fragrant Introduction to Terpenoid Chemistry*, 1.Auflage, Royal Society of Chemistry, **2003**, S. 6-12

[22] R.G. Berger, *Flavours and Fragrances*, 1.Auflage, Springer Verlag, **2007**, S. 46-48

[23] *Triacetin*, Römpp Online - Version 3.18, **2011**, Georg Thieme Verlag

[24] R.Christoph, B. Schmidt et al., *Glycerol*, Ullmann's Encyclopedia of Industrial Chemistry. Online-Ausgabe, Wiley-VCH, **2006**, S. 1-16

[25] Hans-Dieter Belitz et al., *Lehrbuch der Lebensmittelchemie*, 6.Auflage, Springer Verlag, **2008**, S. 401-404

[26] *Aromen*, Römpp Online - Version 3.18, **2011**, Georg Thieme Verlag

[27] Albert Y. Leung, *Encyclopedia of Common Natural Ingredients: Used in Food, Drugs and Cosmetics*, 1.Auflage, John Wiley & Sons, **1980**, S. 231-233

[28] Albert Y. Leung, *Encyclopedia of Common Natural Ingredients: Used in Food, Drugs and Cosmetics*, 1.Auflage, John Wiley & Sons, **1980**, S. 223-224

[29] Hans-Dieter Belitz et al., *Lehrbuch der Lebensmittelchemie*, 6.Auflage, Springer Verlag, **2008**, S. 405-406

[30] W.P. Edwards, The Science of Sugar Confectionery, 1. Auflage, Royal Society of Chemistry, **2001**, S. 125

[31] *Antioxidantien*, Römpp Online - Version 3.18, **2011**, Georg Thieme Verlag

[32] P. Klemchuk, *Antioxidants*, Ullmann's Encyclopedia of Industrial Chemistry. Online-Ausgabe, Wiley-VCH, **2000**, S. 1-16

[33] Abbildung 5: Eigene Graphik

[34] **URL**: http://www.sigmaaldrich.com/catalog/DisplayMSDSContent.do, aufgerufen am 7.11.2011

[35] EG Verordnung Nr. 1334/2008 vom 16. Dezember 2008

[36] Hsiu-Jung Lin et al., *Effects of Extraction Solvent on Gas Chromatographic Quantitation of BHT and BHA in Chewing Gum*, Journal of Food and Drug Analysis **2003**, *Vol. 11, No. 2*, S. 141-147

[37] Technische Universität München, Lehrstuhlinterne Bedienungsanweisung der Gaschromatographen, **Mai 2011**

[38] Abbildung 6: Eigene Fotografie

[39] Mass Bank High Resolution Mass Spectral Database, **URL**: http://www.massbank.jp/index.html?lang=en, aufgerufen am 16.06.2011

[40] Spectral Database for Organic Compounds SDBS, **URL**:http://riodb01.ibase.aist.go.jp/sdbs/cgi-bin/cre_index.cgi?lang=eng, aufgerufen am 16.06.2011

[41] *NIST05 Mass Spectral Library*, National Institute of Standards and Technology, **2005**

[42] Abbildung 7: Eigene Graphik auf Basis der Auswertung durch die Software ‚Openchrom‘

[43] M.Hesse et al., *Spektroskopische Methoden in der organischen Chemie*, 7.Auflage, Georg Thieme Verlag, **2005**, S. 244-245

[44] A.I. Ermakov et al., *Structure of chemical compounds, methods of analysis and process control: GC/MS analysis of aqueous ethanol solutions of Drugs. Part 1. Menthol and p-Aminobenzoic acid derivatives*, Pharmaceutical Chemistry Journal, **2009**, Vol.43, No.8, S. 481-482

[45] M.Hesse et al., *Spektroskopische Methoden in der organischen Chemie*, 7.Auflage, Georg Thieme Verlag, **2005**, S. 263

[46] S. Berger & D. Sicker, *Classics in spectroscopy: Isolation and Structure Elucidation of Natural Products*, 1.Auflage, Wiley-VCH, **2009**, S. 386

[47] Abbildung 8: bearbeitet nach [46]

[48] Abbildung 9: bearbeitet nach [46]

[49] Formeln 1.1 – 1.3: Eigene Formeln

[50] Abbildung 10: Eigene Graphik

[51] Abbildung 11: Eigene Graphik

[52] Analytical Methods Committee, *Application of Gas - Liquid Chromatography to the Analysis of Essential Oils – Part XI.*, Monographs for Seven Essential Oils*, Analyst, **1984**, Vol. 109, S. 1353

[53] Abbildung 12: Eigene Graphik

[54] Abbildung 13: Eigene Graphik

[55] vgl. Anhang I, Tabelle I

[56] **URL:** http://www.cocktaillounge.at/infos/cocktails-minze-(mojito).297.htm, aufgerufen am 07.11.2011

[57] H. L. De Pooter, The Essential Oil of Mentha x villosa nm. alopecuroides, Flavour and Fragrance Journal, **1987**, Vol. 2, S. 163-165

[58] Abbildung 14: Eigene Graphik

[59] Abbildung 15: Eigene Graphik

[60] B.Lawrence, *Progress in essential oils*, Perfumer & Flavorist, **1983**, Vol.8, Heft 2, S. 61-67

[61] K.G.Fahlbusch, F.J. Hammerschmidt et al.; *Flavors and Fragrances*, Ullmann's Encyclopedia of Industrial Chemistry, Online-Ausgabe, Wiley-VCH, **2002**, S. 33

[62] **URL:** http://www.thegoodscentscompany.com/data/rw1046271.html, aufgerufen am 04.11.2011

[63] **URL**: http://www.thegoodscentscompany.com/data/rw1019781.html, aufgerufen am 03.11.2011

[64] R.J. Justice, *The in-situ removal of menthofuran from peppermint oil and subsequent reactions of the solid-supported adduct*, Dissertation, Western Michigan University, **2010**, S. 4

[65] Abbildung 16: Eigene Graphik

[66] *Pfefferminzöle*, Römpp Online - Version 3.18, **2011**, Georg Thieme Verlag

[67] K.G.Fahlbusch, F.J. Hammerschmidt et al.; *Flavors and Fragrances*, Ullmann's Encyclopedia of Industrial Chemistry, Online-Ausgabe, Wiley-VCH, **2002**, S. 105-107

[68] K.G.Fahlbusch, F.J. Hammerschmidt et al.; *Flavors and Fragrances*, Ullmann's Encyclopedia of Industrial Chemistry, Online-Ausgabe, Wiley-VCH, **2002**, S. 10

[69] *Essigsäure-n-Propylester*, Römpp Online - Version 3.18, **2011**, Georg Thieme Verlag

[70] In einem Telefongespräch vom 6.07.2011 wies mich ein Mitarbeiter des Kaugummiherstellers ‚Wrigley GmbH' darauf hin, dass keinerlei Auskünfte zu Inhaltsstoffen gegeben werden.

[71] Formel 2.1 -2.3: Bei den Formeln handelt es sich um eigene, auf das Problem angepasste, Formeln. Als Grundlage für Formel 2.1 und 2.2 diente hierbei folgende Seite: **URL**:http://vsa.labeaux.ch/docs_public/Grundbegriffe%20der%20Statistik.pdf, augerufen am 8.10.2011

[72] S.Schulz, *Gerüche in Kultur und Literatur*, Universität Dortmund, Magisterarbeit, 2009, S. 12

[73] *Aromastoffe*, Römpp Online - Version 3.18, **2011**, Georg Thieme Verlag

Anmerkung zu den Formeln:

Sämtliche in dieser Arbeit aufgeführten Strukturformeln sind selbst erstellte Graphiken, denen die Daten des *Chemical Abstracts Service*, die über dessen zugehöriges Suchportal *Scifinder* aufgerufen wurden, zugrunde gelegt wurden.

<u>**Abkürzungsverzeichnis**</u>

HPLC: (engl. **high** **p**erformance **l**iquid **c**hromatography);
        Hochleistungsflüssigkeitschromatographie

GC: Gaschromatographie

FID: Flammenionisationsdetektor

GC/FID: Gaschromatographie mit einem Flammenionisationsdetektor als
        Detektor

MS: Massenspektrometer

GC/MS: Gaschromatographie mit einem Massenspektrometer als Detektor

EI: Elektronenstoßionisation

M: Abkürzung für einen Molekülrest in der Kurznotation für Reaktionen im
        Massenspektrometer.

a: Formelzeichen für die Fläche

c: Formelzeichen für den Anteil einer Substanz

m: Formelzeichen der Masse

z: Ladungszahl; dimensionslos

m/z: Masse-zu-Ladung-Verhältnis; dimensionslos (genaue Erklärung unter
        Punkt 2.3.4)

t_R: Retentionszeit; Gesamtzeit die eine einzelne Substanz für das
        Durchlaufen der Säule benötigt, also die Zeit zwischen Injektion und
        Detektion.

Weiterhin gelten die in der deutschen Sprache bekannten Kurzformen.

<u>**Danksagung**</u>

Meinen besonderen Dank möchte ich Herrn Dr. Andreas Bauer und Herrn Dr. Stefan Breitenlechner vom Lehrstuhl für Organische Chemie 1 der Technischen Universität München aussprechen, welche sich freundlicherweise bereiterklärt haben mir die Nutzung ihrer Gaschromatographen zu ermöglichen. Auch bei Fragen zur Technik und zur Auswertung der Analyseergebnisse standen sie mir mit Rat zur Seite. Des Weiteren gilt mein Dank Sebastian Wilzbach für das Korrekturlesen meiner Arbeit und Allen anderen, die mich bei der Erstellung unterstützt haben.

Anhang

Im Folgenden Anhang finden sich die Daten und Hintergrundinformationen zu den im Textteil verwiesen wurde.

Inhaltsverzeichnis

I.   <u>Übersicht über die Proben</u>

Tabelle I: Übersicht über die analysierten Proben

Sample	Name	Hersteller	Vom Hersteller angegebene Geschmacksrichtung	Laut Packung enthaltene Aromen
1	5Gum Pulse	Wrigley	Fruchtgeschmack	Keine genauen Angabe (Aromen)
2	Orbit Mojito Mint	Wrigley	Minz- und Limettengeschmack	Keine genauen Angaben (Aromen)
3	Oral B Fresh Mint	Oral B	Fresh Mint	Aroma, Limonen, Linalool

II.   <u>Extraktion</u>

Tabelle II: Übersicht über die Extraktion der Proben

Proben-Nr.	Massen	Masse Glas	Optik nach Extraktion:
1	1,000 g + 10 ml Diethylether Endmasse: 27,988 g	20,811g	Kaugummi gelöst, Rückstand: weißes, pudriges Pulver
2	0,9995 g + 10 ml Diethylether Endmasse: 28,965 g	20,872	Kaugummi gelöst, Rückstand: weißes, pudriges Pulver
3	1,001 g + 10 ml Diethylether Endmasse: 29,039 g	20,934	Teilweise gelöst, noch einzelne Bröckchen vorhanden

Anmerkung: Zur Kontrolle der zugesetzten Mengen und um sich die Option für eine genaue quantitative Auswertung in der Gaschromatographie vorzubehalten, wurden jeweils die Masse der Probengefäße, vor und nach Zugabe der Proben, gemessen. Auf die eigentliche Auswertung innerhalb dieser Arbeit haben die angegeben Massen allerdings keinerlei Auswirkung.

III.   <u>Illustration der ‚Stümmelsäule'</u>

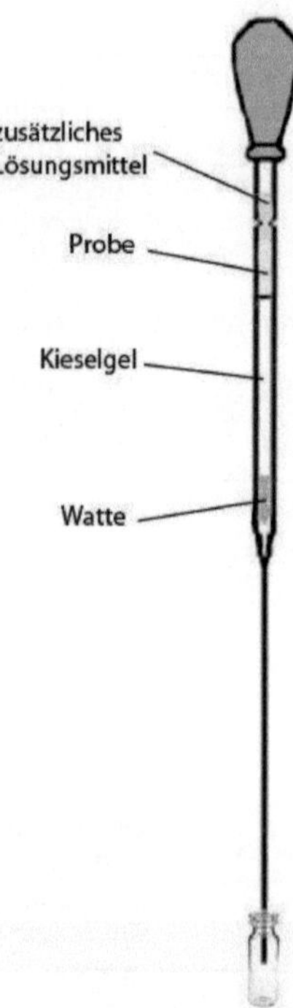

Abbildung I: Die Abbildung zeigt eine Illustration der in der Seminararbeit beschriebenen ‚Stümmelsäule'.

IV. <u>Auswertung der GC-Untersuchungen im Rahmen der Seminararbeit</u>

Diese Anteile der einzelnen Substanzen in den jeweiligen Proben wurden nach denen im Textteil der Arbeit erklärten Verfahren berechnet. Für die Proben, bei denen mehrere GC-Untersuchungen durchgeführt wurden, wurde der Mittelwert zwischen beiden Ergebnissen gebildet (Probe 1 und 2).

Für jede der Proben wurde die quantitative Auswertung ausschließlich für die enthaltenen Aromastoffe durchgeführt. Andere Substanzen die keine Aromen sind, aber dennoch charakteristisch für die Probe sind, wurden nur als Gesamtanteile zur Probe dargestellt.

Unter der Tabelle der quantitativen Auswertung ist das Gesamtanalyseergebnis aufgeführt. Es enthält alle in der Probe vorhandenen Substanzen in der Reihenfolge wie sie im Chromatogramm auftreten und gegebenenfalls deren Zuordnung.

Peaks, denen keine Substanz zugeordnet werden konnte, werden mit „n.i". (nicht identifizierbar) beschriftet.

Tabelle III: Untersuchungsergebnisse für Probe 1

Name	c(Probe) [%]	c(Aromen) [%]
Außerhalb MS	0,025893983	
Außerhalb MS	0,541656235	
Essigsäure-n-propylester	3,467800905	
n.i.	0,29971306	0,603438607
n.i.	0,224043602	0,444691681
α-Phellandren	0,363073151	0,719626547
α-Pinen	1,536819183	3,09362242
β-Pinen	0,445284012	0,88462367
Nicht identifizierbar.	1,926927656	3,821137377
n.i.	0,343066724	0,68309226
α-Terpinen	0,067650841	0,135325019
p-Cymen	0,368097079	0,730512437
Limonen	34,02711401	67,33421655
1,8-Cineol (Eucalyptol)	0,033814922	0,067252225
γ-Terpinen	1,299014939	2,579970022
n.i.	2,017228925	4,014978291
Isopulegol	0,962588745	1,919623569
trans-Menthon	0,00922752	0,018287401
Isomenthon	0,274268247	0,545935518
Menthol	1,062826437	2,119662673
Linalool	0,134764317	0,271040758
n.i.	0,304177015	0,602318513
α-Terpineol	0,202381083	0,405685889
n.i.	0,110683876	0,221024544
Pulegon	0,753765863	1,500089004
n.i.	0,430752304	0,846030659

Geranial (Citral)	1,124382089	2,235226191
Citronellylbutyrat	0,08390888	0,16671728
n.i.	0,080736965	0,16008417
Triacetin	12,08530102	
Essigsäurenerylester	0,104639335	0,208981595
n.i.	0,68898318	1,357611214
Bicyclo(4.3.0)nonan-8-ol (8-D)	0,031758383	0,061054645
n.i.	0,339864509	0,67397321
α-Caryophyllen	0,544910566	1,08264213
α- Bergamoten	0,133795861	0,265216167
Pyridin-4-amin	0,076843571	
n.i.	0,369104523	
Butylhydroxyanisol (BHA)	0,76884948	
β-Bisabolen	0,116733751	0,226307764

Tabelle IV: Untersuchungsergebnisse für Probe 2

Name	c(Probe) [%]	c(Aromen) [%]
Essigsäure-n-propylester	2,71084943	
α- Phellandren	0,23546212	0,41240976
α-Pinen	4,30344518	7,04902301
β-Pinen	0,3993302	0,70237217
α-Terpinen	0,18769045	0,32835334
p-Cymen	0,1317252	0,23070316
Limonen	20,6010067	36,0792694
1,8-Cineol (Eucalyptol)	0,13391812	0,23470184
γ -Terpinen	4,8678489	8,52390815
Isopulegol	5,95387633	10,4189917
Menthon	0,04563054	0,07934722
Terpinyl Butyrat	0,04837403	0,08469645
Menthol	9,30097298	16,2765594
Linalylacetat	0,10970377	0,19200302
α-Terpineol	0,04065493	0,07115147
Citronellol	0,09594866	0,16795876
Pinan	0,2804721	0,49111493
Carvon	7,36494405	12,8915654
Geranial (Citral)	0,42289102	0,74041723
Citronellylbutyrat	0,03132745	0,05482859
Triacetin	8,66652817	
Essigsäurenerylester	0,59917877	1,04907768
Bicyclo(4.3.0)nonan-8-ol (8-D)	0,07290632	0,12791829
α-Caryophyllen	0,39707829	0,69520784
α- Bergamoten	0,51576286	0,90297432
B-Caryophyllen	0,00515036	0,00903394

5-Butyl-5-Ethyl-Barbitursäure	0,09066453	0,15874388
Butylhydroxyanisol (BHA)	0,45482985	
Longifolen	0,66676417	1,16740511

Tabelle V: Untersuchungsergebnisse für Probe 3

Name	c(Probe) [%]	c(Aromen) [%]
Essigsäure-n-propylester	3,954711261	
Limonen	0,447863064	0,868993829
1,8-Cineol (Eucalyptol)	0,828142316	1,606854015
Menthon	7,549086251	14,64757847
Isomenthon	3,414929926	6,626027626
Menthol	36,35209737	70,53439065
Pulegon	0,333112416	0,646341833
Citronellylbutyrat	0,163314745	0,31688147
Menthylformiat	0,055862044	0,108389764
Menthylacetat	1,954288714	3,791928764
α-Caryophyllen	0,313695452	0,608666877
Copaen	0,125725539	0,243946703
Butylhydroxytoluol (BHT)	0,106819185	

V.   <u>Ergebnisse der Datenbanksuche für Probe 3</u>

Die Folgende Tabelle zeigt einen Auszug aus den Vorschlägen der NIST-Datenbank
für die GC/MS-Untersuchung von Probe 3. Es sei darauf hingewiesen, dass diese
Auflistung nur Möglichkeiten aufzeigt; die tatsächlich in der Probe vorliegenden
Verbindungen lassen sich auf diesem Wege mittels GC/MS selten sicher
identifizieren. Sie dient also nur zu einer Orientierung, was in der Probe enthalten
sein könnte, auch wenn erwähnt werden sollte, das einige der gefundenen
Strukturen sehr unwahrscheinlich sind.

Hinweis: Die Namen der jeweiligen Verbindung sind die in der Datenbank geführten
englischen Namen und deshalb nicht mit den in der Schule beigebrachten
Nomenklaturregeln konform.

Tabelle VI: Ergebnisse der Datenbanksuche

Retentions-zeit in der GC/MS-Untersuchung	Vorschlag der Datenbank	Strukturformelausschnitt [aus dem Datenbankvorschlag direkt entnommen]
12,071	N-Formimidoyl-N'-(2-pyridylformimidoyl)diimide	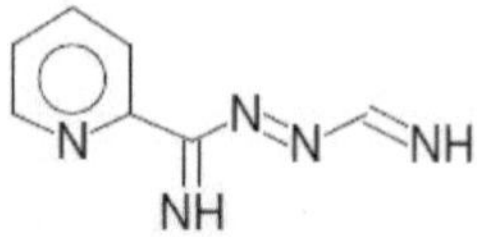
15,424	8-Phenyl-6-thio-theophylline	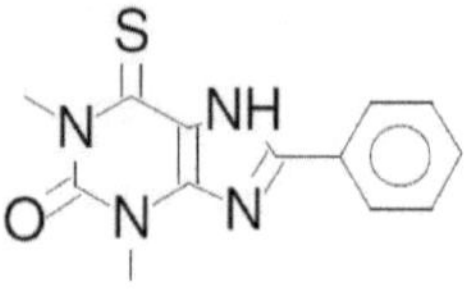
15,558	Benzoic acid, 4-(4-butylcyclohexyl)-, 2,3-dicyano-4-(pentyloxy)phenyl ester	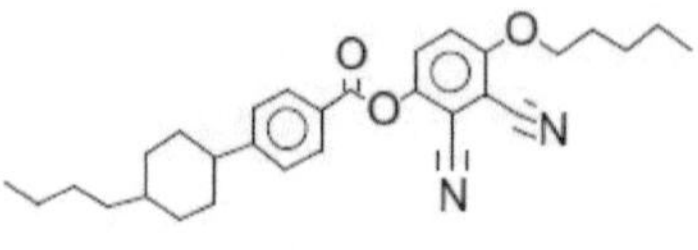
16,056	4b,8-Dimethyl-2-isopropylphenanthrene, 4b,5,6,7,8,8a,9,10-octahydro-	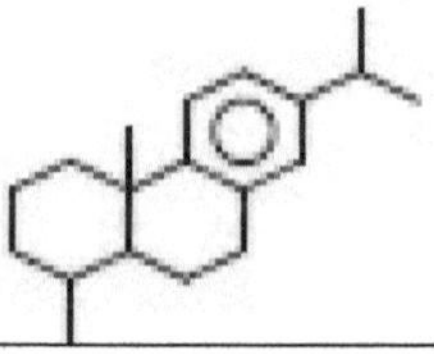

16,204	s-Indacene-1,7-dione, 2,3,5,6-tetrahydro-3,3,5,5-tetramethyl-	
16,332	Glutaric acid, di-(-)-menthyl ester	
16,999	Kaura-5,16-dien-18(or 19)-ol	HO
17,088	Oxalic acid, isohexyl tetradecyl ester	
18,004	D:A-Friedooleanan-28-ol	OH
18,146	1H-Benzimidazole, 1,2-diphenyl-	
18,159	1-Phenanthrenecarboxaldehyde, 1,2,3,4,4a,9,10,10a-octahydro-1,4a-dimethyl-7-(1-methylethyl)-, [1R-(1.alpha.,4a.beta.,10a.alpha.)]-	

18,603	2-Phenylfuro[2',3':5,6][1,2,4]triazino[2,3-a]benzimidazole	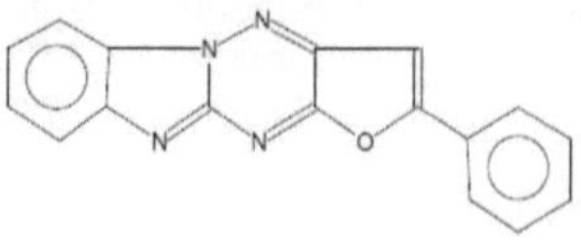
18,808	Hexadecanoic acid, 2-(acetyloxy)-1-[(acetyloxy)methyl]ethyl ester	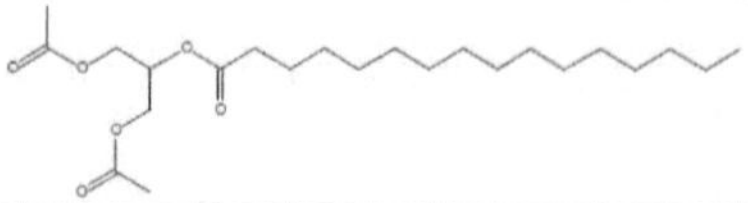
18,817	1-Phenanthrenecarboxylic acid, 1,2,3,4,4a,9,10,10a-octahydro-1,4a-dimethyl-7-(1-methylethyl)-, methyl ester, [1R-(1.alpha.,4a.beta.,10a.alpha.)]-	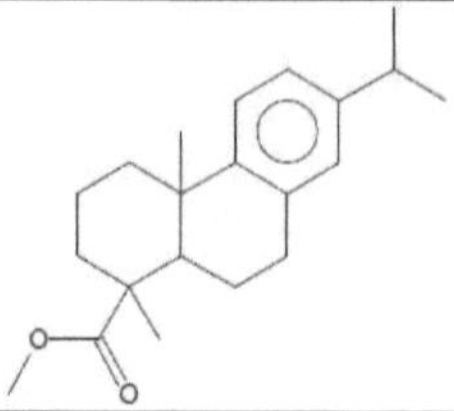
20,179	Butanedioic acid, 2,3-bis(benzoyloxy)-, [S-(R*,R*)]-	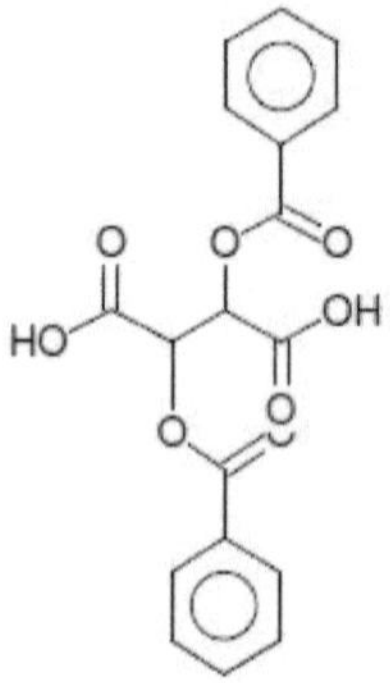